PIERRE KALMAR

L'inoubliable senteur des groseilliers à fleurs

Jardins fleuris de Thiers et de Montluçon

Bouteilles à la mer

2020

ISBN 978-2-9191341-74-0
EEAN 9782919341740

Dimanche 22 mars 2020

Il y a environ deux ans, alors que je me promenais dans la partie de notre jardin qui fait angle entre la rue des Horts et l'avenue Étienne-Guillemin, à Thiers, je remarquai des épervières piloselles, qui ne fleurissaient pas encore, mais qui signalaient leur présence par un ras tapis compact, évoquant une moquette de piètre qualité.

Un coin du jardin que nous avions à Montluçon, dans le quartier des Mallettes, au numéro 76 de la rue des Rossignols, me revint alors à l'esprit : la même essence avait colonisé cette zone.

Je me retrouve dans le grand jardin familial, il y a fort longtemps, sans doute ai-je dix ou onze ans, sous un soleil de juillet, dans un endroit libre de cultures, à quelques enjambées d'un cerisier qui donne des fruits bicolores, jaune et orange, et qui fait lui-même partie d'une rangée de quatre grands cerisiers de variétés différentes.

Debout, la tête penchée, je considère ce tapis laineux formé de feuilles à la fine pilosité, qui adhère fortement au sol.

Le terrain présente une sorte d'élasticité que je ne retrouve pas dans le reste du jardin. Cette caractéristique est-elle produite par la plante elle-même ou bien est-ce la nature du sol qui attire cette fleur ? J'opterais pour la seconde hypothèse.

Je sais à présent que l'épervière piloselle pousse sur des pelouses sèches et calcaires, ce qui explique peut-être la sensation que je ressentis alors.

Les deux fois, j'ignorais de quelle plante il s'agissait et c'est seulement il y a un an que je l'identifiai.

Lorsque je redécouvris cette essence, à Thiers, je pris

conscience de ce que l'on nomme éternité, aussi étrange que cela puisse paraître. Certains, peut-être même, me jugeront ridicule.

Pendant que je me lamentais sur la disparition inéluctable de tout ce qui constitue notre vie, les objets, les gens, les bâtiments et même les endroits naturels, ce pessimisme disparut d'un coup lorsque je ressentis de nouveau ce que j'avais éprouvé, enfant, en découvrant pour la première fois cet étrange parterre à Montluçon.

Je me fis alors la réflexion que rien ne disparaissait vraiment, que ce que nous avions connu existait sous une forme quasiment similaire quelque part dans le monde.

***

Je me demande pourtant s'il faut toujours se réjouir de la pérennité des choses. La partie atrabilaire de ma personnalité vient de resurgir et me fait balancer dans l'herbe semée de trèfles et de pâquerettes toutes mes velléités scientifiques, philosophiques et poétiques pour ne conserver que la diatribe dont mes contemporains seront la cible.

Lorsque je songe à l'éternité des plantes, je suis pertinent et sincère, mais lorsque je me prends à regretter les personnes, sans doute subis-je une mémoire sélective liée au temps qui fait le tri parmi les souvenirs pour n'en conserver que les meilleurs.

Je ne redirai jamais assez à quel point les êtres humains m'auront déçu. Sans doute me suis-je parfois montré moi-même assez frustrant, mais je pense quand même l'avoir moins été que toutes les personnes vides que j'ai rencontrées.

Que de diplômes de haut niveau associés à une absence d'intelligence, de pensée, de sensibilité surtout ! Beaucoup n'ont pas reçu de vrais cerveaux. C'est la triste conclusion à laquelle je suis arrivé, depuis seulement quelques années. Mieux vaut une tête imparfaite comme la mienne que pas de tête du tout.

Je n'aurai réellement communiqué qu'avec un nombre très restreint de gens durant ma vie, mais ne sommes-nous pas presque tous dans le même cas ? Sans doute ai-je envie de le croire afin de me sentir un peu moins seul.

Ce sentiment d'isolement, je le ressens depuis toujours. Enfant, j'en ignorais la raison. Je me sentais simplement différent. En prenant de l'âge, je compris qu'appartenir à une minorité discriminée enferme presque nécessairement. Si, de surcroît, vous vous trouvez minoritaire au sein de cette même minorité, l'impression de solitude s'en trouvera multipliée. J'ai aussi eu le malheur de me lancer dans l'écriture, activité qui m'a fait comprendre à quel point mes préoccupations étaient éloignées de celles de la plupart des gens. Bon nombre de mes créations littéraires demeurent taboues. Peu se risquent à en parler.

Autrefois, je ne me gênais pas pour brocarder allègrement ceux qui m'avaient déçu, mais, avec le temps, mes épigrammes se sont émoussées et je suis devenu moins sarcastique. Je crois aussi que ces personnes, sans réelle existence, ne méritent pas même que je pense à elles. Leur consacrer des lignes équivaut à brasser du vide et en cherchant à parler d'elles je ne parlerai en réalité que de moi-même.

Mais revenons au sujet qui nous préoccupe, celui des jardins et des plantes. Il est beaucoup plus intéressant.

***

Les deux jardins auxquels je fais allusion sont difficilement comparables.

Celui de Montluçon s'étendait initialement sur 3 955 m2 tandis que notre maison thiernoise repose sur une surface de seulement 590 m2. Depuis, le jardin de Montluçon a beaucoup perdu de son ampleur car deux terrains ont été vendus.

Cependant, de nombreux points communs existent entre les deux, comme vous pourrez le constater. Mais est-ce bien étonnant ? Une distance de quatre-vingt-huit kilomètres à vol d'oiseau sépare Montluçon de Thiers.

***

Avant de poursuivre, j'aimerais préciser que ce petit volume, composé de remarques faites au jour le jour, sera parfois redondant, car il m'arrivera souvent de faire allusion aux mêmes éléments d'un jour sur l'autre. Lui ôter son caractère répétitif équivaudrait à le priver de la relative spontanéité qui le caractérise.

En me promenant dans ce jardin de taille réduite, je passe inévitablement aux mêmes endroits et les plantes ne varient pas forcément beaucoup. Sans doute sont-elles même plus stables, moins mobiles que les idées qui s'entrechoquent dans ma tête lorsque je les regarde.

Le fait d'en parler de manière insistante montre l'importance que je leur accorde et, si je nomme sans cesse les mêmes fleurs, c'est sans doute parce qu'elles retiennent vivement mon attention, que j'en aie conscience ou non. Je crois préférer certaines essences alors qu'en réalité ce sont d'autres qui attisent mon intérêt. Il en est de même des relations humaines : on croit aimer une personne alors qu'en vérité c'est une autre qui nous tient le plus à cœur. Cela revient à faire la distinction entre aimer, être amoureux ou être émoustillé. Ces trois aspects apparaissent rarement sans mélange, mais, généralement, dans une relation, l'un des trois prédomine.

Je constate aussi que nous passons la plus grande partie de notre vie à refaire les mêmes choses, à tourner en rond, à l'image de quelques héroïnes de Max Ophuls, comme sa Lola Montès, incarnée par Martine Carol, qui tourne sur elle-même, à la manière d'un astre, mais inutilement c'est-à-dire sans entraîner de planètes dans son sillage. Ce tournoiement sur nous-même, futile, illusoire, n'en possède pas moins une beauté certaine, que Max Ophuls, pour ne citer que lui, a su mettre en valeur. Cette ronde perpétuelle est-elle d'ailleurs aussi stérile qu'elle le paraît ? Revenir au même endroit, ressasser les mêmes pensées, réitérer les mêmes parcours, toutes ces pratiques ont sans doute une finalité qui nous échappe encore.

***

L'épervière piloselle, que je connais donc depuis mon enfance sans savoir que c'était elle, est une astéracée dont le nom repose sur la croyance erronée selon laquelle les éperviers consommaient leur suc, censé améliorer la vision.

Si cette plante ne bonifie en rien la vue, elle possède tout de même même des propriétés vulnéraires, c'est-à-dire qu'elle guérit les blessures, mais aussi antibiotiques et digestives.

Sa floraison jaune citron, striée de rouge sur la partie externe des pétales, s'étend de mai à août.

Elle présente la particularité d'être télétoxique, c'est-à-dire que ses racines émettent des toxines, qui font disparaître les plantes alentour, mais l'épervière finit par s'empoisonner elle-même, comme en témoignent les trous que l'on aperçoit parfois au sein de ces bien étranges moquettes.

À Thiers, les espaces laissés libres par la suicidaire empoisonneuse ont fait place à des muscaris d'Arménie, petits bulbes d'un rutilant bleu cobalt, des pâquerettes et du trèfle rouge ou trèfle des prés.

Si, à Montluçon, nous eûmes forcément des pâquerettes et du trèfle, rouge ou blanc - et quelle ville pourrait prétendre de ne pas accueillir ces trois dernières plantes ? - je n'ai jamais remarqué de muscaris d'Arménie.

***

Que mon lecteur se rassure ou se désole : je ne détaillerai pas les vertus de chacune des plantes dont je parlerai. Je n'agirai ainsi qu'en fonction du besoin que j'éprouverai à en exposer les mérites ou les travers. Je veux que ces pages soient en partie irréfléchies et non dictées par une quelconque exigence commerciale. Elles n'obéiront pas à une logique que l'on pourrait qualifier de mathématique.

***

La portion de notre jardin thiernois dont je viens de parler était autrefois plantée de deux cèdres de l'Atlas, du moins je crois qu'il s'agissait de cette essence. Nous fûmes contraints de les faire abattre car leurs racines détruisaient le mur de l'allée qui menait à la maison, en s'infiltrant entre les pierres et en poussant l'ensemble de la construction, désormais quelque peu fragilisée. Nous nous demandons s'il résistera à ces assauts racinaires passés et s'il ne faudra pas le reconstruire ou au moins le consolider.

La majorité des habitants des Hauts quartiers estiment que nous avons bien fait et que la maison se trouve ainsi mieux mise en valeur.

Mais d'autres regrettent ces arbres et j'ai eu beau leur expliquer que nous ne pouvions faire autrement, ils n'ont rien voulu savoir.

J'ai souvent été confronté à des personnes aux idées cristallisées qui s'avéraient incapables d'entendre mes paroles, comme si ces dernières ne parvenaient pas jusqu'à leur oreille ou n'atteignaient pas leur cerveau.

Cette coupe présente aussi l'avantage non négligeable de dégager encore la vue, la nôtre au nord est, et celle de nos voisins. Elle porte sur presque 75 kilomètres à l'ouest, ce qui nous permet notamment d'admirer la chaîne des Puys et le massif du Sancy.

Depuis, autre avantage appréciable, le soleil entre plus aisément dans la portion du jardin qui jouxte la rue des Horts et la végétation, peu à peu, s'en trouve transformée.

Les pins que l'on rencontre en bordure d'océan et les pins parasols sont les seuls conifères que j'apprécie vraiment. Aussi, n'ai-je pas trop regretté les deux cèdres, mais j'eusse été fortement perturbé si des feuillus les avaient remplacés car il eût fallu aussi les faire abattre.

Pour éviter semblables complications, il est sans doute opportun de bien réfléchir avant de planter des arbres qui risquent de causer d'importants dégâts ou d'occasionner une gêne considérable.

***

À Montluçon, nous fûmes également contraints de nous défaire d'un épicéa. J'en ignore la raison, mais je pense qu'il était devenu trop imposant et qu'il gênait le passage. Cet arbre nous avait été offert par monsieur et madame Miquel, mon parrain et ma marraine. Il s'agissait d'un sapin de Noël possédant des racines, ce qui n'est pas très courant.

Quelques années plus tard, un frêne le remplaça, mais j'ignore pourquoi nous l'abattîmes.

***

Dans le jardin qui fait l'angle entre la rue des Horts et l'avenue Étienne-Guillemin demeurent aussi un noisetier aux feuilles pourpres, des buissons de forsythias, un tamaris, d'assez nombreux charmes, deux pieds de cotonéasters franchetii, aux charmantes petites boules orange, et surtout des lauriers-cerises.

Ces derniers se présentent sous forme d'arbustes parfaitement individualisés, dont j'apprécie les formes un peu tourmentées. Je ne les voudrais surtout pas taillés en haie et je conçois mal qu'on puisse les appréhender de cette manière. Sous forme de mur, ils deviennent simplement fonctionnels, utilitaires, et perdent, en quelque sorte, leur personnalité propre. Leurs feuilles, qui paraissent avoir été laquées, n'en sont pas moins ravissantes.

***

Lors de notre emménagement à Thiers, un vieux lilas aux membres arthritiques, mauve ou violet, ma mémoire me fait défaut, surplombait la rue des Horts, mais il mourut bien vite et je l'ai récemment remplacé par un lilas blanc dont j'ignore la variété, sans doute un Monique-Lemoine.

Les lilas me font penser à une période assez reculée, les années 1920 ou 1930, Diable sait pourquoi, une époque dont on parlait encore quand j'étais gamin.

Je revois ceux que nous avions à Montluçon, près d'un grillage qui nous séparait du jardin de madame Jaladon.

Le soleil me fait cligner des yeux, mais ne m'empêche pas d'admirer les inflorescences mauves, violettes et blanches.

De l'autre côté du grillage, nous rencontrons souvent madame Jaladon, assise sur la margelle d'un petit bassin, qui servit peut-être de lavoir avant que l'eau ne devînt courante. Des araignées d'eau, des punaises en réalité, en parcourent généralement la surface. Elle nous fait parfois admirer les robes de laine bouffantes qu'elle confectionne pour des poupées mannequins d'allure espagnole. Ce bassin existe toujours.

Pas très loin, entouré de quelques petits pommiers qui ne donnèrent jamais beaucoup de fruits, un grand poirier étend ses branches étrangement sèches et noueuses, à la manière des arbres de films d'horreur.

***

Les lilas fascinent si bien qu'on leur pardonne de fleurir si peu de temps et de ne pas tenir en vase. Comment ne pas être séduit par la forme de leurs grappes composées appelées thyrses et par leur fragrance, surtout celle des variétés mauves et blanches ? Mais en me contentant d'écrire mauve, blanche ou violet, je simplifie à outrance car cet arbuste se décline selon de nombreuses variétés.

***

Les noisetiers, qui foisonnent dans la partie des Hauts quartiers que nous habitons, attirent un gros écureuil qu'il nous arrive de croiser. Nous lui avons proposé la compagnie d'un congénère en céramique, que nous avons installé dans un lit de pervenches, près du mur de clôture, mais je doute que l'animal fait de chair l'identifie comme l'un de ses semblables.

Ces noisetiers me font songer à ceux que nous avions à Montluçon. Ils formaient une haie très dense qui nous séparait du champ voisin où des vaches étaient parquées.

Chaque année, je cueillais scrupuleusement les noisettes qui venaient rejoindre l'un des tiroirs d'un ancien chiffonnier qui me servait de table de nuit. Je les conservais plusieurs mois et préférais leur goût à celui des noix. Je n'ai jamais vraiment apprécié ces derniers fruits, dans les gâteaux excepté. Parfois, je tombais sur des fruits véreux.

À leur pied, un dense tapis de fougères masquait les trous que nos poules creusaient dans le sol à la recherche de vers et d'insectes. Parfois même, on y découvrait des œufs.

Cette haie mitoyenne disparut en même temps que nos deux chênes lorsque la ville décida d'acheter les champs de nos voisins et une partie de notre terrain afin de construire une ZAC (zone d'aménagement concerté).

***

Maryse Girard (1947-2019), la nièce d'Henry Tarrerias (1892-1967), premier propriétaire de notre maison, dont la construction fut achevée en 1929, comme en témoigne la plaque apposée par les architectes J. Boissier et fils, m'expliqua que notre noisetier pourpre avait été planté par son oncle, dont l'entreprise coutelière se tenait 76, rue des Horts.

Un jour, sans doute à notre mort, cet arbuste disparaîtra. Les nouveaux propriétaires décideront certainement de s'en défaire et il ne s'épanchera plus dans la rue des Horts où un passant vient régulièrement recueillir les grosses noisettes tombées de ses branches. D'ailleurs, je rassemble moi-même celles que je trouve dans notre jardin et les place dans une boîte devant notre portail, car je ne parviens généralement pas à les consommer toutes. Mais cet arbuste aura eu son utilité. Il demeurera dans notre souvenir et, surtout, dans les pages de ce livre, sous une forme abstraite qui ne rendra pas exactement compte de ce qu'il fut. Mais je sais qu'il gardera vie dans une dimension que les scientifiques découvriront un jour et qui a la propriété de conserver tout ce qui a vécu.

***

Puisque je parle de destruction, j'ai envie d'évoquer une

maison que j'ai occupée dans un endroit que je ne nommerai pas, ce qui me permettra de m'exprimer sans détour.

Juste avant le confinement, qui a débuté le 22 mars, je suis passé dans le secteur et j'ai constaté que les nouveaux propriétaires avaient complètement rasé les plantes que j'y avais placées. Plus rien ne subsistait. Les rosiers, centfeuilles et Rouge Meilland notamment, l'amandier et les lilas avaient disparu.

Je ne connais pas ces personnes mais je sais déjà qu'elles n'appartiennent pas à mon univers. Pour moi, ces gens n'existent même pas. Si un jour un gouffre s'ouvrait sous leurs pas et qu'ils y disparaissaient, le monde, mon monde, devrais-je plutôt écrire, ne s'en porterait pas plus mal.

J'ai horreur des gens qui, se croyant sans doute faits d'une matière supérieure, estiment qu'ils doivent changer radicalement les lieux qu'ils vont occuper. Il y a quelques années de cela, la plupart se sentaient l'obligation d'abattre des cloisons afin de bénéficier de plus vastes horizons, de grandes pièces autrement dit, destinées à accueillir de prétendus amis aussi creux qu'ils le sont eux-mêmes, pour échanger les habituelles platitudes lors d'ennuyeuses soirées largement arrosées d'alcool.

Mais ce discours est en partie injuste et mensonger car, en repassant récemment près de cette maison, début juillet, je me suis rendu compte que toutes les plantes n'avaient pas été coupées et que Rouge Meilland avait été préservé. Bon, ces personnes ne sont peut-être pas aussi noires que je le pensais.

***

Dans cette même partie de notre jardin, je remarque du trèfle des prés ou trèfle violet, les inévitables pâquerettes, qui fleurissent à présent presque toute l'année, une paire de pissenlits et quelques touffes d'orpin brûlant qui, dans quelques mois, donneront de superbes floraisons d'un intense jaune citron à reflets d'or.

Les pâquerettes, je les découvris à Montluçon.

Je m'amusais alors à en détacher cruellement les pétales afin de savoir si l'on m'aimait ou non.

Parfois, j'en déterrais des pieds qui allaient rejoindre notre maison sans jardin de la rue Grande.

Une grande boîte en métal de petits fours, de thé bruns ou de petits bruns, je ne sais plus, servait de pot, que je disposais sur le bout de muret extérieur, donnant sur les toits voisins, d'une des quatre chambres de notre assez vaste grenier.

Une autre fois, le pied de petites marguerites fut installé dans un petit pot en terre cuite et vécut dans ma chambre à coucher. Il décora le marbre de la grande et banale commode Louis-Philippe surmontée d'un grand miroir à encadrement doré. Comme les tiroirs de ce meuble étaient difficiles à ouvrir !

Un matin, un rêve me perturba : je voyais Doudou, l'un de nos chats (1973-1983), passer sur la commode, renverser ou manger mes marguerites et, dans mon rêve, je m'empressai de le chasser. Il se trouve qu'il était également endormi sur mon lit et il dut s'étonner de mon attitude.

***

Cette dernière pièce donnait sur les toits et notamment sur

celui de l'atelier de mon père.

À la belle saison, j'entendais roucouler des tourterelles tandis que l'horloge du vieux château (nous avions pour habitude de dénommer ainsi le château des ducs de Bourbon), à quelques dizaines de mètres, égrenait les quarts, les demis et les heures. Les heures étaient sonnées deux fois : une première à l'heure juste et une seconde fois, cinq minutes après. Cette sonorité solennelle, imperturbable, immuable, éternelle en quelque sorte, faisait partie du vieux Montluçon et je pense que je l'entendrai jusqu'à la fin de ma vie.

En écoutant pour la première fois des tourterelles, de la fenêtre de la pièce qui donne rue des Horts, je songeai aux tourterelles montluçonnaises, tout en contemplant la superbe montagne, nuancée de bruns et de verts, si surprenante avec son bosquet d'arbres joliment disposés, que je vois très nettement de ma chambre à coucher thiernoise.

Il y a trois ans, un méchant chat noir, sans doute Cholestérol, maltraita un bébé tourterelle que ses parents réussirent heureusement à sauver d'une mort affreuse. Mais quelle angoisse nous ressentîmes en voyant les mouvements erratiques de ce presque poussin qui tentait vainement de prendre son envol !

***

Au faîte du mur qui longe notre allée, des jardinières encastrées à contours de briques accueillent des narcisses trompettes, si odorants quand on prend la peine de les humer, des tulipes, jaunes ou rouges, et des buis plantés par les précédents propriétaires.

Je ne suis guère fanatique de ces dernières plantes et je comprends mal l'engouement de certains pour ces arbrisseaux d'un vert d'église.

L'an dernier, ils furent attaqués par la pyrale du buis, chenille qui se mue en un joli papillon aux ailes azurées festonnées de marron. Il fallut en arracher bon nombre que je ne regrettai guère.

Maryse Girard déplora en revanche l'envahissement des siens par ces mêmes prédateurs, mais il faut dire qu'ils étaient autrement plus beaux que les nôtres. Certains même prenaient la forme d'animaux.

Le buis, nous n'en eûmes jamais dans le jardin de Montluçon. Il était réservé à la cérémonie des rameaux et ma mère en disposait une petite branche sur la photo encadrée de son grand-père, Pierre Picaud (1885-1962), qui l'avait élevée.

Je revois les parvis des églises Saint-Pierre et Notre-Dame envahis par des bouquets de ces plantes, juste avant cette fameuse messe. Il me semble que les mendiants que l'on voyait toujours devant les églises en vendaient en cette occasion.

***

Comme je ne passe pas tout mon temps au jardin et qu'il m'arrive de me montrer fort négligent, j'aperçois quelques herbes dites mauvaises mais également des pieds de doucette dans ces mêmes jardinières. Mais, pour moi, comme vous avez dû le remarquer, la notion de mauvaise herbe ne correspond pas exactement à la définition habituelle.

Je ne puis résister à l'envie de citer les autres noms de la mâche, tant ils me semblent amusants ! On l'appelle ainsi valérianelle potagère, clairette, blanchet, bourcette, laitue d'agnelet et gallinette. Pierre de Ronsard l'aurait même dénommée Boursette touffue.

Riche en vitamine C, nous la consommons en salade et, ce faisant, nous négligeons les fleurs, à mon sens fort remarquables qu'elle produit après sa période comestible. Minuscules, de un à deux millimètres, réunies en cymes globuleuses, elles nous charment d'un délicat bleu azur. Notre jardin en est rempli.

Je ne puis m'empêcher de penser aux premiers pieds de doucette que je découvris dans notre jardin de Rimard. Nous en avions trouvé des masses, juste derrière la maison, le terrain devant bien s'y prêter. Élisabeth, Catherine et moi-même entamâmes une sorte de compétition pour en cueillir le plus possible. Catherine et moi avions réuni notre production, mais j'ignore qui l'emporta.

***

Je gagne à présent la portion de notre jardin qui, après avoir survolé deux grands terrains en pente, vous envoie rue des Docteurs Dumas.

Je descends les marches soutenues par des travées en bois, en piètre état, ce qui en fait tout le charme, piétinant du gravier envahi par les plantes, violettes odorantes en pleine floraison et centaurées des montagnes, dont les fleurs commencent tout juste à apparaître.

Des violettes, nous en avions à Montluçon. Elles apparaissaient sous les branches d'un de nos grands cerisiers, qui était situé assez près de la clôture nous séparant du pacage voisin. Plus rares qu'ici ou même qu'au Mont-Dore, où elles étaient majoritairement blanches, nous les considérions presque comme des phénomènes hors du commun, des raretés dignes d'être préservées. Chaque année, ému, j'assistai à leur éclosion. Elles ne prospéraient que sous cet arbre. Leur parfum me captivait.

***

Outre les fort nombreuses violettes, les pelouses de cette partie du jardin sont parsemées d'une très jolie fleur, aux tiges généralement rampantes, que l'on tend à ne pas remarquer, à ne pas connaître même, probablement en raison de son extrême petitesse. Il s'agit de la véronique petit-chêne, qui doit son nom à la vague ressemblance qui existe entre ses feuilles et celles du chêne.

Ses quatre ravissants pétales d'un bleu vif ne peuvent manquer de séduire celui ou celle qui daignera se baisser pour observer cette plante, modeste de proportions, mais remarquable de beauté.

Ceux et celles qui ont lu « Le chemin des Mallettes » (2011) se souviennent sans doute que je m'extasiais déjà sur cette plante ravissante.

***

Le séneçon commun, appelé aussi séneçon vulgaire, séneçon des oiseaux ou grand mouron, peu joli, bien ordinaire, envahit l'espace situé non loin de notre trio de bouleaux.

Le nom de cette astéracée provient de *senes,* qui signifie

vieillard, allusion à la "chevelure" blanche que forment les akènes après la floraison.

Longtemps considéré comme une plante médicinale, on a, depuis, pris conscience de sa toxicité pour le foie.

Nous en avions aussi à Montluçon, mais je ne l'appréciais guère car je ne pouvais ni l'admirer ni la transformer en bouquet.

Les autres séneçons sont beaucoup plus remarquables. Je pense notamment au séneçon jacobée et, plus encore, au séneçon de Fuchs. Ce dernier, je le contemple en juillet lorsque j'effectue ma traditionnelle marche rapide jusqu'à Pisseboeuf, qui me fait passer à travers un bois de conifères assez humide, où cette variété montagnarde prospère.

***

Deux orchis boucs avaient élu domicile non loin de la grande poterie, en partie brisée, de la manufacture de Lezoux, placée sous le trio de bouleaux.

Cette plante est censée diffuser une forte odeur de bouc lorsqu'elle fleurit, mais son parfum ne me semble pas particulièrement désagréable.

Ses fleurs tombantes, d'un gris-vert pourpré, ne manquent ni d'originalité ni de beauté.

Cette année, au moment où j'écris, elles n'ont pas réapparu.

J'ai voulu en apprendre davantage sur cette plante et je me suis rendu sur l'excellent site « Zoom nature ».

J'apprends ainsi que, d'une manière générale, la floraison des orchidées sauvages est capricieuse et varie d'une année sur l'autre. Depuis les années 1990, le développement de l'orchis bouc serait devenu exponentiel, en raison, semble-t-il, du changement climatique.

Sa germination dépend de subtiles interactions avec un champignon souterrain, si bien que, parfois, trois années lui sont nécessaires pour devenir plantule composée d'une seule feuille. Après un ou deux ans avec une seule feuille, elle passe à deux feuilles. Quelques années plus tard, voilà qu'elle a trois feuilles, mais la quantité de feuilles peut varier d'une année sur l'autre.

Bien que fort nombreuses, les graines disposent de peu de réserves nutritives.

Si l'automne est sec, les rosettes ne pourront s'étoffer et les plantes vont s'étioler. Au printemps, même si les tiges parviennent à se former, elles ne donneront pas de fleurs. Des gelées précoces en automne peuvent altérer le bourgeon de la future tige florale. Les rosettes bien formées supportent bien les températures basses prolongées, mais si le sol gèle en profondeur, les racines se trouvent parfois endommagées.

L'année qui suit une floraison, les plantes produisent moins de feuilles et auront donc moins de chances de fleurir.

En situation de forte compétition avec des congénères proches, elles donnent de nombreuses hampes florales, mais un tiers des orchis bouc ne fleurissent jamais.

***

Un peu plus bas, le long de l'allée herbue qui borde ce qui ressemble à un chemin de ronde, pas très loin de pieds de fraises des bois, qui nous fournissent de succulentes cueillettes, parmi les nombreuses pâquerettes et violettes, j'ai repéré la brunelle commune. Ses assez jolies fleurs d'un bleu violet ressemblent à celle des linaires, qu'à Montluçon nous nommions gueules de loups.

***

Ces dernières fleurs, je les ai découvertes à Montluçon, sur un terrain vague de la rue Ronsard, à présent occupé par une maison. J'avais demandé leur nom à ma mère et je me souviens en avoir cueilli un joli petit bouquet. Je le disposai dans un petit bocal qui décora ma chambre de grenier.

***

Le gaillet grateron, présent dans mon jardin, je le connais depuis mon enfance montluçonnaise. Comment oublier cette plante dont les fruits s'accrochaient régulièrement à mes vêtements?

À Montluçon, on nomme "amoureux" ses petites boules qui s'agrippent à nos vêtements et qu'il est si difficile de détacher. Également très collantes, les tiges forment des réseaux très denses et presque inextricables qui s'arrachent en bloc lorsqu'il nous prend fantaisie de désherber.

C'est Michèle, une amie de ma mère qui, pour la première fois, a ainsi nommé ces plantes. Nous nous trouvions alors dans le jardin de sa maison de Désertines, au bord de la très bruyante route de Paris. Michèle, ma mère et moi étions assis sur un muret. À cet endroit, nous croisions souvent Arthur, son jardinier. Je suppose qu'il travaillait dans l'entreprise familiale de maraîchage dont s'occupait la mère de Michèle, alors décédée, et qu'il était resté pour s'occuper des plantes potagères.

Cette essence, qui appartient à la famille des caféiers et qui servit de succédané de café durant les guerres, possède des propriétés diurétiques, sudorifiques, antiscorbutiques et calmantes. Elle soulage aussi les irritations de la peau et les crises de goutte. Voilà largement de quoi compenser sa beauté très discutable.

***

Dans les mêmes parcelles, j'ai repéré de très petites fleurs blanches, non loin de pieds de tanaisie sauvage transplantée, mais je ne les ai pas encore identifiées.

Cette tanaisie, je l'avais découverte sur la portion herbeuse située derrière le lycée Mondory, non loin d'un cours de tennis. Je les avais apportés à Beaumont, car nous n'habitions pas encore Thiers, placés dans des pots, que j'ai ensuite ramenés avenue Étienne-Guillemin. J'adore cette plante pour sa beauté jaune et pour la bonne odeur camphrée qui s'en dégage. Il suffit d'enfoncer ses tiges dans des pots garnis de terreau et d'arroser pour qu'elle s'enracine rapidement.

En me promenant il y a fort longtemps, à Montluçon, dans le chemin qui mène à l'observatoire astronomique des Réaux, j'en découvris des pieds sur le bord du chemin. J'étais revenu travailler à Montluçon, entre 29 et 37 ans, et il m'arrivait de me promener dans les chemins goudronnés situés alentour du domicile de ma mère. La route des Réaux poursuit le chemin des Mallettes dont j'ai parlé dans un autre petit volume.

***

Non loin du grand mur de chemin de ronde, j'aperçois une plante que des novices prendraient pour un pissenlit, mais qui, moi, me fait hésiter : elle ressemble à une épervière, mais l'absence de rouge sous les pétales m'interdit de la traiter d'épervière piloselle.

J'ai rédigé ce paragraphe il y a quelques mois. Nous sommes en juillet à présent et j'ai découvert que la partie extérieure des pétales de cette plante n'était pas nécessairement marbrée de rouge.

***

Je croise aussi de minuscules fleurs jaunes dont le joli et délicat feuillage ressemble à trois petits cœurs assemblés.

Une recherche me permet de l'identifier rapidement : il s'agit de l'oxalis corniculé ou trèfle jaune, et j'apprends qu'invasive elle est redoutée des jardiniers ! Mais elle ne peut pas être pire que le liseron, seule herbe dont je me défais sans l'ombre d'un scrupule, tellement elle est envahissante et néfaste pour son entourage. C'est une sorte de pervers narcissique végétal. Mais il est la preuve que le jardin a été bien fertilisé et que, par conséquent, le jardinier a bien fait son travail.

Lorsque je me promenais dans le jardin montluçonnais, j'admirais pourtant ces fleurs. J'appris plus tard qu'il y avait le liseron des haies et le liseron des champs. Les premières formaient de superbes pavillons de phonographe d'un blanc immaculé ; les secondes, plus petites, et d'ailleurs plus courantes, mêlaient le blanc et le rose.

À la décharge des premières, il faut quand même signaler qu'elles nourrissent de nombreux insectes et notamment la chenille d'un papillon magnifique, le sphinx du liseron.

Les fleurs ont la particularité de s'ouvrir à la lumière, fût-ce celle de la pleine lune, et de se refermer par temps couvert, en grosses pointes torsadées.

***

Sur le petit talus qui surplombe le chemin de ronde, je remarque quelques coucous ou primevères officinales, qui s'épanouissent parmi des graminées, les tiges naissantes des helianthus vivaces ou soleils, qui m'ont permis de réaliser de belles photographies et de jolis films, et les trois gros pieds de pavots qui fleuriront au mois de juillet et que je filmerai aussi. Lorsque le soleil les traverse, ils prennent une tonalité exceptionnelle et acquièrent une dimension insoupçonnée.

Toutes les plantes que je viens de nommer, je ne les vis jamais dans notre jardin montluçonnais.

***

Je gravis les quelques marches creusées dans la terre qui me permettent de gagner le coin du jardin qui jouxte la propriété de nos voisins en contrebas. Autrefois, cette portion de terrain, à présent bétonnée, formait un chemin communal conduisant à la gare SNCF de Thiers.

J'arrive sous notre terrasse où nous avons aménagé une petite pièce, sorte de minuscule caverne artificielle où je range les graines, le terreau, les sacs de fumier décomposé, les engrais, les produits phytosanitaires et, bien sûr, les outils de jardinage.

En chemin, je croise la capiteuse giroflée des murailles, contre un petit muret, qui soutient le modeste talus dont j'ai parlé, et je me baisse pour en apprécier l'arôme. Les oiseaux ont dû disperser ses graines car un nouveau pied est apparu juste à côté de la grande poterie de Lezoux.

Notre jardin montluçonnais ne connaissait pas cette plante.

***

Quelques pas plus loin, l'inévitable géranium herbe à Robert, qui est loin de valoir le géranium livide que l'on admire au Mont-Dore, essaie de me séduire avec sa petite fleur en cloche d'un rose soutenu.

Finalement, elle n'est pas si laide, cette plante. Elle est même plutôt jolie. Sans doute a-t-elle simplement le tort d'être trop fréquente et pâtit-elle de la comparaison avec d'autres membres de sa famille.

***

Tiens, près de ce rosier Madame Isaac Pereire, qui ne fleurit pas encore, je remarque un pied de grande chélidoine.

La grande chélidoine, qui appartient à la famille des pavots, je n'en vis jamais à Montluçon ou du moins je ne m'en souviens pas. Sans doute avait-elle le tort de ne pas correspondre aux critères esthétiques de l'enfant que j'étais alors. Je la rencontrai pour la première fois lors de nos randonnées dans le Puy-de-Dôme, le plus souvent lorsque nous traversions des villages parcourus de vieux murs en ruine ou simplement de pierre sèche. La plante poussait près d'eux et s'infiltrait souvent dans les interstices, un peu à la manière de la giroflée. Comme vous l'aurez deviné, cette plante affectionne le calcaire.

Sans en avoir conscience, j'en rapportais les graines à Beaumont, où elle proliféra, puis à Thiers où elle se fit presque envahissante. Mais il est si facile de l'arracher !

Son port, la couleur vert bleuté de ses feuilles, ses petites fleurs jaunes même, ne manquent pas d'attrait. De ses tiges brisées s'écoule un latex orangé qui a la propriété de nous débarrasser des verrues, d'où son nom d'herbe aux verrues.

Pendant les périodes obscures de notre histoire, elle était associée à la magie noire. Les alchimistes ont vu, dans sa sève de couleur jaune, la capacité de transformer les métaux en or, d'où son nom de «don du ciel»

***

Et là, ces mignonnes tiges terminées par de jolies fleurs vertes, sont-ce des euphorbes réveille-matin ou bien une autre sorte d'euphorbe ? Car ce sont bien des euphorbes, à n'en point douter. Comment pourrait-on ne pas reconnaître les représentants de la famille des euphorbiacées?

Leur nom est un hommage à Euphorbus, médecin d'un roi de Maurétanie, du premier siècle de notre ère, qui aurait découvert les vertus de ces plantes.

Les fleurs de l'euphorbe réveille-matin se déploient le matin face au soleil, d'où son nom vernaculaire.

À Montluçon, elles existent forcément, mais je ne me souviens pas les avoir remarquées dans notre jardin.

***

Dans les interstices de la maçonnerie des murs qui nous séparent de nos voisins, je remarque l'élégante cymbalaire des murs, pas très loin du triste et envahissant mouron blanc.

Son nom provient de la forme de ses feuilles qui évoquent l'instrument de musique. Ses fleurs ressemblent à celles des linaires, d'où le nom de linaires cymbalaires, utilisé parfois. D'un bleu violet, elles tirent une petite langue jaune vif.

On la nomme aussi lierre fleuri et ruines-de-Rome. Cette dernière appellation provient du fait que, vers la fin du XVIIIe siècle, elle était utilisée pour orner les fausses ruines antiques alors en vogue.

Cette plante, je ne la vis jamais à Montluçon, sans doute parce que notre jardin ne recelait que peu de murets susceptibles de l'accueillir. Il est également possible que je ne l'aie jamais vraiment remarquée, en dépit de mes grandes capacités d'observation.

Lundi 23 mars 2020

Le temps ensoleillé mais très frais ne m'incite guère à demeurer dehors bien longtemps.

Après avoir contemplé, un bref instant, des pots de

plastique couleur fuchsia garnis de tulipes d'un rose pâle, je décide de filmer ces fleurs et de les diffuser sur l'une de mes chaînes Youtube. J'agis de même avec de beaux narcisses trompettes que le vent fait gracieusement ondoyer.

***

J'admire mes trois vases d'Anduze, dont deux sont émaillés, garnis de tulipes d'un rose pastel, que j'ai placés sur un support de marbre blanc, récupéré d'une ancienne commode que j'avais dans ma chambre à Beaumont. Ils me font penser aux fameux trois singes, dont l'un est aveugle, l'autre, muet et le dernier, sourd.

***

Je gagne l'immense récipient que j'ai placé sur la souche d'un des arbres que nous avons fait abattre. Je considère, un bref instant, les tulipes rose pâle, les primevères très colorées en rouge et jaune, qui disparaissent un peu sous le reste de la végétation, et les pensées aux nuances plus discrètes. Je remarque enfin les pieds d'œillets de poète, qui ne fleurissent pas encore, que j'ai plantés la saison dernière et dont le premier épanouissement m'avait un peu déçu.

***

Sous les arbustes qui nous préservent des indiscrétions de l'avenue, poussent des pervenches. Certaines sont manifestement des cultivars, d'autres, de forme plus classique, et je crois que je préfère ces dernières.

***

Puis, mon regard d'aigle se porte au loin, vers la grande poterie de Lezoux où j'ai planté de belles tulipes rouges, qui firent également l'objet d'un film destiné à Youtube.

Dans le même contenant, j'ai semé des nigelles de Damas, plante absolument fabuleuse qui se décline en blanc, rose et surtout en bleu. Pour moi, cette fleur symbolise l'éternité car elle demeure belle même fanée. Elle prend alors la forme d'une jolie cage épineuse du plus bel effet, qui finira par sécher pour servir d'écrin aux petites graines noires qui se chargeront d'assurer la génération prochaine.

L'an dernier, au lieu de recueillir les graines, j'ai écrasé sur place les fleurs fanées, si bien que tout a germé au hasard, sur la pelouse, et qu'il m'est, depuis, difficile de passer la tondeuse sans détruire une fabuleuse éclosion. Cependant, les fleurs qui ont poussé grâce à ce procédé se sont révélées plus petites que la normale, et moins séduisantes, je dois le reconnaître.

Cette plante, je ne la vis jamais à Montluçon, pas même dans le jardin fleuri de Mme Jaladon, à présent raccourci et laissé à lui-même. Un chêne y a poussé, juste à côté du puits. Il dépasse à présent les deux mètres. Mais le jardin situé juste à côté compense cet abandon car il recèle une multitude de fleurs parmi lesquelles de très nombreux rosiers. La silhouette de la dame âgée qui entretient ce jardin a quelque chose d'éternel, qui paraît traverser les époques.

***

Pas très loin, j'aperçois mes jacinthes opulentes, mauves, blanches, roses et violettes, sur le point de faner, mais, déjà, d'autres plantes viennent les remplacer, comme les pavots, qui, je l'espère, seront roses, suivis ou précédés des coquelicots.

Je n'avais jamais vu de pavots roses à Montluçon, mais notre jardin recelait des coquelicots, moins rouges que les cultivars que j'ai semés, mais bien jolis quand même.

Je connaissais en revanche le pavot argémone, que je prenais pour un coquelicot au physique quelque peu ingrat. Je suis presque certain que vous avez commis la même erreur.

Mardi 24 mars 2020

Ce matin, le vent était glacial. Il s'est fait plus doux dans la journée.

J'ai brièvement admiré notre vieux cerisier en fleurs. L'année dernière, les oiseaux ont dévoré la plupart des cerises. Ils avaient agi de la même manière avec mes beaux tournesols qui s'étaient vus, très vite, dépouillés de leurs graines.

Je songe aux cerisiers fort nombreux que nous eûmes à Montluçon. Outre les quatre grands porteurs de bigarreaux de diverses variétés que j'ai évoqués, de nombreux, plus petits ceux-là, produisaient des griottes, excellentes lorsqu'elles sont cuites et délicieusement acidulées dans les clafoutis.

Ah, je me souviens aussi du vieux merisier, qui vit encore, et qui séjourne non loin de la cabane où dormaient les poules et les lapins. Des fourmis, d'un noir très brillant, qui exhalaient une forte odeur de citronnelle, l'avaient investi. Des recherches m'ont permis de les identifier : ce sont des fourmis noires des bois, qui possèdent plusieurs reines. Elles se nourrissent du miellat des pucerons, qui devaient pulluler dans ce merisier, de champignons et de larves d'insectes.

***

Me vient également à l'esprit un noisetier que mon père avait planté, près de là, de la taille de l'arbuste aux feuilles pourpres que nous avons à Thiers, et qui donnait de gros fruits.

À son pied, nous avions coutume de placer l'eau des poules dans un récipient en tôle émaillée qui était, à l'origine, une bassine destinée à faire sa toilette lorsque les gens n'avaient pas l'eau courante.

Il est fascinant de songer à l'histoire de cette bassine. Durant de longues années, elle a vécu dans une maison et a servi pour la toilette d'une personne, sans doute un membre de notre famille, que nous ne connaissons pas. Elle s'est retrouvée dans notre jardin, pour les poules et, depuis, j'ignore ce qu'elle est devenue.

***

Je me souviens du bruit que faisait le bec des poules lorsqu'elles buvaient. Elles ne manquaient jamais de faire tinter le récipient. Je revois aussi leur expression si caractéristique, ce regard froid, vide ou cruel, selon l'état d'esprit de celui qui regarde ou plutôt qui observe. Elles absorbaient quelques gouttes, puis levaient la tête, pour faire glisser l'eau, puis se remettaient à picorer le liquide.

Quand j'étais petit, comme presque tous les enfants, je m'intéressais aux dinosaures et je trouvais que certains, comme le tyrannosaure, ressemblaient à des poules. J'ai appris que les poules descendaient de ces reptiles. Sans doute étais-je moins bête que j'en avais l'air.

***

La somme d'histoire que recèlent les objets est incroyablement lourde et captivante, mais nous en ignorons le plus souvent la teneur et l'importance. Lorsque je me rends dans un dépôt d'Emmaüs, je songe à toute cette vie à laquelle renvoient les objets de toutes sortes qui s'y trouvent entreposés. Tout cela me donne le vertige et me rappelle à la nécessité de savoir si le passé subsiste encore dans sa réalité première, enregistré en quelque sorte. C'est une question fondamentale. Tout le reste est négligeable. Si le passé existait encore, toute notre vie prendrait son sens et nous n'aurions plus peur de rien, si ce n'est de la douleur physique. Une grande partie de la souffrance morale liée à la disparition des choses et des gens n'existerait plus.

Mercredi 25 mars 2020

Aujourd'hui, malgré le froid pénétrant, j'ai filmé les lauriers-cerises en fleurs. On les appelle également lauriers-palmes, lauriers-amandes ou lauriers de Trébizonde. Les hampes florales distillent un doux parfum de miel.

Un souvenir très fort s'associe à cette variété de lauriers et je me demande pourquoi je ne l'ai pas relaté plus tôt dans mon récit. Cette réminiscence s'accompagne aussi de la senteur extraordinaire des groseilliers d'ornement que l'on appelle aussi groseilliers à fleurs, groseilliers sanguins et cassis-fleur.

Ma mère, qui, je l'appris plus tard, avait la nostalgie d'une maison des années 1920 ou 1930, où elle avait vécu, située rue Ronsard, à Montluçon, y conduisait souvent nos pas. Mon parrain et ma marraine, les Miquel, habitaient cette rue et y demeurent encore : je l'ai vérifié récemment.

Des lauriers-cerises servaient de haies à une habitation dont le jardin faisait l'angle de deux rues, par où nous avions coutume de passer. Leurs belles feuilles bien luisantes, comme vernies, laquées en quelque sorte, avaient fortement attiré mon attention.

Nous empruntions aussi, dans le même secteur, un étroit chemin qui longeait des jardins où une odeur, d'une suavité extrême, que je ne connaissais pas encore, me marqua très profondément : c'était celle des groseilliers à fleurs lorsque le soleil caresse leurs feuilles. Croyez-moi, la sensation est inoubliable.

***

J'ai planté trois groseilliers à fleurs dans mon jardin thiernois. Ils provenaient de mon jardinet beaumontois mais, comme ce dernier était orienté nord-est, ces arbustes végétaient. L'un d'eux n'a malheureusement pas supporté la sécheresse que nous avons subie l'été dernier.

Lorsque j'entends des personnes s'ébaudir niaisement sur l'absence de pluie, je rétorque que nous frôlons la sécheresse et qu'il vaut mieux se réjouir quand il pleut. Lorsque nous n'aurons plus assez d'eau pour nos besoins vitaux, sans doute n'applaudiront-elles plus le soleil avec le même enthousiasme.

Par ailleurs, il me semble que je mérite mieux que de plates considérations météorologiques, qui ne doivent servir que d'entrée en matière et non constituer une fin en soi. Récemment, dans le tome 2 d'un exceptionnel ouvrage de vulgarisation historique signé Alain Decaux et intitulé « Histoire des Françaises », l'auteur explique que les femmes parlent chiffon lorsqu'elles n'ont aucun autre sujet de conversation en commun. C'est un peu la même chose avec la météorologie. Si nous n'avons rien à nous dire, pourquoi ne pas nous contenter d'un bonjour ?

Jeudi 26 mars 2020

J'ai jeté un œil sur les forsythias et me suis dit qu'ils devaient avoir besoin d'être taillés : il me faudra attendre la fin de la floraison.

***

À mes pieds, je vois des pâquerettes et surtout un tapis de muscaris d'Arménie qui, comme je l'ai dit, s'infiltrent entre les épervières piloselles.

***

Je distribue du guano aux rosiers, mais, comme je suis paresseux, je ne prends pas même la peine de piocher autour des pieds afin que le produit puisse pénétrer. En principe, il convient aussi d'arroser. Et puis, en remuant le sol, je risque d'abîmer les plantes sauvages qui ont poussé autour des pieds et que je souhaite conserver. Je trouve ainsi bonne excuse à mon indolence. Mais non, pas réellement. En effet, je suis toujours embarrassé quand il s'agit de désherber. Dans la mesure où je ne fais pas réellement de hiérarchie entre les plantes, je ne donne pas nécessairement la priorité aux cultivars.

Je ne parviens jamais à me défaire d'un rosier car la rose est, pour moi, la fleur par excellence. En cela, je ne me distingue pas vraiment de la majorité des gens. Quand je vous disais que j'étais conventionnel et normé sur bien des plans ! J'aimerais que l'on cesse de me considérer comme un phénomène.

Vendredi 27 mars 2020

Ce vendredi, le temps, plus doux, m'incite à demeurer plus longtemps dehors. Je décide finalement de serfouir au pied des rosiers afin de leur permettre de mieux respirer et de faire en sorte que l'eau et les nutriments pénètrent bien dans le sol. Tant pis pour les herbes malheureuses que je vais immanquablement détruire. Je me dis qu'après tout, elles iront au paradis des plantes, à moins que tout ne soit conservé d'une manière ou d'une autre. Je vous engage à lire ce que j'ai écrit un peu plus haut sur cette question.

Dimanche 29 mars 2020

La pluie tant espérée se transforme finalement en une

neige qui ne tient pas au sol et qui aura au moins le mérite d'irriguer un peu les plantations.

Mercredi 1er avril 2020

Les tulipes ont décidément la vie dure. Elles persistent fort longtemps, autant que les narcisses et bien plus longtemps que les jacinthes. Ces dernières présentent l'inconvénient de s'affaisser sur elles-mêmes, ce qui donne rapidement aux parterres une apparence sinon inesthétique du moins assez négligée. Elizabeth von Arnim, dans « Elizabeth et son jardin allemand » comparait ces plantes aux silhouettes plantureuses des personnes d'âge mûr issues de la bonne bourgeoisie.

***

On ne parle quasiment jamais du parfum des tulipes, car, contrairement à ce que l'on pense généralement, elles en ont un. Je l'ai découvert, petit, vers l'âge de neuf ans, en observant avec attention les tulipes rouges Darwin, que ma mère avait plantées dans notre jardin de Rimard. Je ne m'y connais guère en matière de tulipes, mais je me souviens fort bien de ces fleurs rouges, bien régulières, bien droites, de grande taille, au cœur d'un beau noir brillant. Sans être aussi suave que celui des roses, leur émanation m'a marqué et, en la retrouvant, je me suis vu projeté en enfance. Bon, les intellectuels un peu conservateurs feront le rapport entre mes propos et la fameuse madeleine de Marcel Proust, mais les plus scientifiques se référeront plutôt à la chimie. Ce que raconte Marcel n'est en somme que la transcription littéraire d'une expérience de chimie.

***

Et les couleurs? On ne parlera jamais suffisamment de la couleur des tulipes. Je ne fais pas allusion à la tonalité de leur enveloppe mais bien plutôt à celle de leur cœur.

J'ai examiné mes tulipes rose clair, dont j'ignore hélas la variété, et j'ai observé que tout au fond de la coupe, on discernait des teintes lumineuses, bien plus belles que leur extérieur : du jaune, du bleu, du vert, du noir.

***

C'est le premier avril que je décidai, après avoir regardé une vidéo sur Youtube, d'ajouter quelques exercices à mes séances de gymnastique et de musculation. Je fis donc des séries de jumping jacks. À la fin de la journée, j'avais atteint le nombre de 900.

J'ai poursuivi ce travail pendant une bonne partie de mon confinement, mais l'ai interrompu car il accentuait les remontées gastriques dont je suis coutumier et qui m'accablent lorsque j'abuse de nourriture ou de boisson, boisson non alcoolisée, je le précise.

***

En me promenant dans le jardin, dans un pot, placé vers le chemin de ronde, à l'endroit d'un banc de ciment, j'ai remarqué des ancolies non encore en fleurs et des fraisiers des bois qui, au fil des ans, ont tendance à s'étendre le long du mur.

***

Dans des pots, j'ai mis les arums d'Éthiopie que notre voisin nous a aimablement offerts.

***

Je remarque aussi les aubriètes, ou ce qu'il en reste, que j'ai placées vers le moment de notre arrivée à Thiers en un endroit finalement peu propice où elles sont concurrencées par les graminées.

Jeudi 2 avril 2020

En flânant du côté des trois bouleaux, j'aperçois, sur l'une des bordures en béton prévues pour casser la pente, et un peu en dessous aussi, des punaises gendarmes. Je les ai rencontrées pour la toute première fois, non pas dans notre jardin du quartier des Mallettes mais dans la rue Grande, dans la cour assez longue et plutôt étroite qui séparait notre maison d'habitation de celle que nous proposions à la location.

J'en revis ensuite dans le grand jardin dont j'ai déjà parlé. Je remarquai bien vite qu'elles vivaient en troupeaux et qu'il était assez rare de rencontrer des individus isolés. Je les découvris parfois en masses impressionnantes, à différents stades de maturité, répandues le long de troncs d'arbres.

Ces insectes d'un centimètre de long présentent un dessin

dont la fonction est de mimer l'aspect d'un animal plus gros afin d'effrayer les éventuels prédateurs.

Ils se nourrissent de préférence de plantes de la famille des malvacées, comme l'hibiscus, la mauve, la guimauve, et des tiliacées, comme les tilleuls, dont ils apprécient plus particulièrement les fruits et les graines. Quand ces aliments font défaut, ils jettent leur dévolu sur d'autres végétaux et dévorent également les pucerons, vivants ou morts, ainsi que des œufs d'insectes.

Leur nom vient du fait que les couleurs et motifs rappelle les habits rouges que portèrent les gendarmes à partir du XVIIe siècle

Je remarque encore de remarquables fleurs de doucette.

Vendredi 3 avril 2020

Un joli soleil brille, ce qui m'incite à sortir en dépit du froid. J'attends toutefois avec impatience une pluie qui viendra irriguer un jardin qui menace de devenir bien sec.

En m'extasiant sur les rayons solaires, je mime ceux et celles que j'ai critiqués quelques pages plus tôt, preuve que, moi aussi, je sais me montrer nigaud à mes heures.

***

J'observe l'herbe. Lorsque les pâquerettes sont fermées, elles exhibent un joli rose foncé. Peut-être même sont-elles plus remarquables sous cette forme qu'épanouies. C'est le cas de certaines variétés de roses, plus esthétiques en boutons.

Samedi 4 avril 2020

Lorsque je regarde notre tamaris pencher dangereusement vers l'avenue Étienne-Guillemin, je ne puis m'empêcher de songer à l'homme de 85 ans qui, il y a deux ans, avait pour habitude de couper toutes les branches qui dépassaient des propriétés.

Ce tamaris n'a pas échappé à son couteau vengeur ou plutôt rectifieur. Il sévit depuis le bas de la rue des Horts, jusqu'à sa rencontre avec l'avenue Étienne-Guillemin et il prolongea son ministère jusqu'à la gare. Dans cette zone, tout ce qui eut le malheur d'empiéter sur la rue fut impitoyablement sectionné.

Il me semble encore entendre le bruit terrifiant que produisait la canne de l'homme sur le bitume.

***

Je ne puis me priver d'établir un lien entre cet homme et la dame à la chèvre, aux courts cheveux blancs très drus, du quartier des Mallettes. Tout comme cet homme, manière d'allégorie de la Mort, elle m'effrayait terriblement. Mais la femme évoquée n'avait pas pour habitude de couper les branches qui s'échappaient des propriétés. Elle se contentait de promener sa chèvre dans les chemins. Je la vis même bavarder avec Mme Perronet, qui habitait la maison située face à la nôtre.

Cette vieille femme accueillait chez elle de nombreux félins. Je pense que les deux chats roses que nous eûmes, Mozart, abrégé en Momo, et Pupuce, simplifié en Puce, descendaient de ses propres chats.

***

Si je fais autant allusion aux chats, c'est que Thiers, et notre rue, en regorgent.

Nous donnons à manger à trois félins : Jules Cholestérol, Nestlé et Antonomase le grand. En bas de l'avenue Étienne-Guillemin, les chats étant également fort nombreux, une dame les nourrit aussi à l'aide de pâtées, de croquettes et de restes alimentaires.

Le chat Cholestérol, que notre voisine appelle Jules, est un gros chat noir avec une petite touffe de blanc très discrète au niveau du cou. Nestlé, chat tigré, ressemble à un persan par sa figure étrange et renfrognée. Antonomase le grand est blanc avec de petites tâches noires.

Donc, encore un point commun entre le quartier des Mallettes à Montluçon et les Hauts quartiers où nous sommes actuellement.

Dimanche 5 avril 2020

Le chat de l'ancien boulanger, celui que notre voisine a nommé Jules et que, pour notre part, nous nommons Cholestérol, car il consomme environ dix-huit repas par jours, a tué un merle et la laissé dans la partie la plus ombragée de notre jardin, sans le consommer. Pour que sa mort ne soit pas totalement inutile, je l'ai enterré au pied du rosier Cuisse de nymphe qui jouxte notre devant de porte.

Cette rose, il me semble ne jamais l'avoir vue à Montluçon.

C'est pourtant un très célèbre rosier Alba qui remonterait au quinzième siècle.

Le lendemain, j'ai appris que le drame avait eu lieu dans le jardin de notre voisine, Marie-Claude, et que le méchant chat avait ensuite emmené le cadavre de sa victime dans notre jardin.

***

Mais Jules Cholestérol eut l'occasion de faire montre d'héroïsme. Figurez-vous qu'il sauva un chaton qui, tombé d'un mur, s'était retrouvé coincé en un endroit inaccessible pour un être humain. Cholestérol réussit à le tirer de l'ornière d'où il ne pouvait plus se sortir.

Lundi 6 avril 2020

Dans l'une des trois jardinières de notre véranda, je remarque une petite plante à fleurs blanches dont les fruits sont de tout petits cœurs verts, parfois marqués de pourpre, de forme imparfaite, plus allongés et moins joufflus que de vrais cœurs. Il faut que je retrouve son nom.

Mardi 14 avril 2020

Ce jour-la, je m'occupe de tailler les forsythias fanés qui n'ont probablement pas été coupés depuis quelque vingt années. Ils forment de gros troncs, que je rabats généreusement, afin d'inciter la plante à produire de nouveaux rameaux plus florifères et harmonieux. Que de déchets de coupes dans le jardin ! Le confinement nous empêche de les porter à la déchetterie.

***

Le premier bouton de roses apparaît sur un rosier tige d'un bel orange et dont le parfum suave et doux me donne le regret de ne pas avoir développé des compétences de nez pour être en mesure de le bien qualifier.

Lorsque nous sommes arrivés en 2016 il ne donnait que quelques fleurs. La taille et l'engrais lui ont rendu sa jeunesse.

Vendredi 17 avril 2020

Hier, Denis a trouvé un grand paon de nuit, qui doit son nom à des cercles placés sur les quatre ailes faisant songer aux ornements de la queue d'un paon. L'envergure du mâle peut atteindre de dix à vingt centimètres, ce qui en fait le plus grand papillon d'Europe. Celui de Denis devait en faire 15.

Répandu dans l'ouest et le sud de l'Europe, on le trouve aussi au Moyen-Orient, en Arménie et en Afrique du nord, mais il régresse fortement.

Il vit dans les bois clairs, les broussailles, les vergers et ce jusqu'à 2 000 mètres d'altitude, souvent près des habitations.

Les antennes très développées du mâle lui permettent de localiser la femelle, qui attire son compagnon dans un rayon de cinq kilomètres.

Il est univoltin, ce qui signifie qu'il n'a qu'une génération annuelle.

Sa chenille, qui possède de longues soies noires émergeant

de petites protubérances bleu turquoise, se nourrit d'arbres fruitiers et forestiers comme l'amandier, l'aubépine, le prunellier, le prunier, le cerisier, l'abricotier, le frêne.

Visible de fin mars à juin, le papillon ne peut s'alimenter en raison de son absence de trompe. Aussi, sa durée de vie se réduit généralement à une semaine, laps de temps qu'il consacre uniquement à la reproduction.

***

J'ai repéré de nombreux pieds de vesce cracca le long du mur du chemin de ronde ainsi que des scilles lys-jacinthe, près du gros genévrier juniperus.

Au même emplacement, je remarque de très petites fleurs mauves que je ne connais pas, mais dont je découvrirai le nom, ainsi que quelques épervières.

Dimanche 19 avril 2020

Un parfum de lilas imprègne le quartier. Je distingue au loin, dans un jardin voisin, un bosquet mauve.

Avenue Étienne-Guillemin, dans un terrain pentu qui surplombe un mince filet d'eau, situé bien en contrebas, un assez large lilas mauve me frôle lorsque je reviens de la gare, mais je ne m'attarde guère pour en humer les fleurs.

Lundi 20 avril 2020

Notre vieil escalier de bois vermoulu, qui mène de la partie haute du jardin au chemin de ronde, est riche en pieds de centaurées des montagnes, qui commencent à fleurir.

Usées au point de former des degrés incomplets, ces marches me font songer, un bref instant, aux degrés fortement érodés de l'escalier de la rue Grande qui conduisait à notre grenier, endroit où nous jouions le plus souvent, mes sœurs et moi. Je me demande si la maison de la rue Grande n'était pas beaucoup plus ancienne que nous l'imaginions. Sa construction était peut-être bien antérieure au XIXe siècle. La grand rue était, pour l'essentiel, composée de maisons des quinzième et seizième siècles.

Jeudi 23 avril

Les œillets d'Inde que j'ai semés dans deux pots sous la véranda, commencent à pointer le bout de leurs feuilles. En procédant ainsi, j'espère obtenir une floraison plus précoce et éviter aussi les parfois fatales dernières gelées du mois de mai.

Ces tagètes, je les ai connues grâce à notre voisine de la rue des Rossignols, à Montluçon, Mme Jaladon. Comme je l'explique dans « Le chemin des Mallettes », quand j'entendais l'expression œillets d'Inde, l'image d'une grosse dinde me venait à l'esprit et, jugeant ce nom fort peu poétique, je me demandais pourquoi on l'avait choisi.

On a trop souvent tendance à ne pas estimer à sa juste valeur le parfum généreux si particulier de cette fleur. Dès que je le perçois, il me projette en enfance. Encore Marcel dont la lecture m'ennuie quelque peu.

***

Le jardin est investi par les pucerons. Les deux vigoureux rosiers installés le long de notre allée d'entrée en sont accablés. Ils donnent de fort jolies petites roses blanches aux reflets nacrés. Bien doubles, j'aime leur élégance délicate et vaporeuse, particulièrement dans leur semi éclosion.

Je me hâte de répandre de l'insecticide en vérifiant auparavant que des coccinelles, larves et imagos, n'ont pas déjà colonisé l'endroit. Encore plus voraces que les individus adultes, les premières sont également beaucoup moins jolies et je demeure persuadé que bien des gens ne les identifient pas comme des coccinelles.

***

Entre notre noisetier pourpre et notre pied de vigne verge, des épervières ont prospéré et le tapis jaune que forment ses fleurs n'est pas inesthétique. Je me garderai bien de les tondre et ce, d'autant plus, qu'elles ne gênent absolument personne. J'imagine que ma conception de ce que doit être un jardin est très « tendance », puisqu'elle respecte la biodiversité, du moins dans une certaine mesure.

***

Près des pervenches qui bordent la partie du jardin jouxtant la rue des Horts et qui envahissent le court sous-bois, je remarque des anémones blanches, manifestement des cultivars que je ne me souviens pas avoir plantés.

Jamais, à Montluçon, nous n'eûmes ce genre de plantes et j'en ignore le motif.

***

Les œillets de poète que j'ai placés dans l'énorme pot de matière plastique, de 72 centimètres de hauteur pour un diamètre de 78 centimètres, fleurissent, et leur parfum, typique aux œillets, est fabuleux, mais j'eusse sans doute été mieux inspiré en les installant en un endroit moins ombragé. Le noisetier qui nous dissimule aux regards a en effet le tort de produire une ombre excessive. Les branches que j'ai coupées il y a deux ans ont repris des forces, de l'ampleur et ont lancé à l'assaut du ciel de nouvelles pousses vraiment très vigoureuses et touffues. La capacité d'adaptation de cet arbuste m'étonne beaucoup.

***

J'ai acheté une potée de violettes cornues jaune et mauve que j'ai suspendues à la branche de notre cerisier, mais je crains qu'elles ne vivent pas bien longtemps car le pot, inadapté, est percé d'un trop grand nombre d'orifices.

***

Les belles centaurées des montagnes continuent à embellir les marches, mais j'appréhende le moment où, fanées, elles enlaidiront l'endroit. Mieux vaudra bien vite les couper.

Cette plante était inconnue à l'état sauvage à Montluçon ou même à Beaumont, mais nous en rencontrions beaucoup au Mont-Dore.

À Montluçon, poussait un végétal de la même famille, le

bleuet, qui est devenu bien rare. Il prospérait dans l'enclos des poules et, à chaque fois que j'entendais la chanson d'Adamo intitulée « J'avais oublié que les roses sont roses », je pensais à ces fleurs. La rose centfeuilles type me venait également à l'esprit.

***

Les coquelicots sont en bouton. Les nigelles de Damas, que j'ai placées dans une grande poterie de Lezoux, et qui colonisent aussi les pelouses, vont fleurir. Le vase pâtit d'une ombre excessive, qui incite les fleurs à s'étirer et à se tordre exagérément dans leur quête éperdue de soleil. Les autres, plus petites, voire trop petites, risquent de ne pas être très belles.

Juste à côté, je découvre une souris morte, sans doute tuée par Cholestérol.

***

Les arums sont encore en fleurs. Il reste quelques tulipes ici et là. Du trèfle jaune envahit aussi les pots et accompagne la menthe et les ancolies cultivars, ces dernières d'un violet foncé. Je les trouve beaucoup moins jolies que les variétés sauvages dont la forme et la couleur me séduisent bien davantage.

***

Je remarque un joli pied de mouron rouge, plante que l'on

n'admire sans doute pas assez, entre les roses centfeuilles encore en bouton. Il en existe des variétés bleues, encore plus belles, et beaucoup plus rares.

***

La vigne repousse et j'espère qu'elle se fera moins envahissante. Il faut dire que je l'ai taillée un peu au hasard. Honte sur moi qui n'y connais rien en la matière.

Nous avions de la vigne à Montluçon, le long du grillage qui nous séparait du jardin voisin, mais le raisin était à peine comestible.

***

J'aperçois des lézards ici et là. Il est amusant d'en trouver d'extrêmement petits, sans doute des bébés.

Nos voisins découvrent régulièrement des vipères dans leur jardin, le long de notre haut mur d'enceinte, celui du chemin de ronde.

Thiers est envahi par la végétation pour le meilleur, mais aussi pour le pire, et ce dernier aspect s'incarne en de venimeux serpents.

Les oiseaux, les insectes et les plantes, bons ou mauvais, foisonnent également. Nous avons de quoi satisfaire bien des naturalistes.

***

Des pensées vivent encore dans les pots, les trois gros pieds de pavots rouges sont sortis de terre, et, le long du mur d'enceinte, les premiers boutons d'or montrent leurs pétales.

Ces dernières renoncules faisaient partie de mes fleurs préférées lorsque je vivais à Montluçon. J'en faisais d'énormes bouquets. Elles tenaient pourtant très mal en vase, mais il faut préciser que j'adorais le jaune.

Cette couleur, qui a bonne presse auprès des enfants, est très mal vue des adultes et il est toujours difficile de porter du jaune sans encourir des ricanements. C'est sans doute parce que le jaune était autrefois la couleur de la mise en quarantaine.

***

Le rosier tige d'un jaune orange connaît la pleine floraison tandis que Mme Isaac Péreire est en bouton.

***

Les deux gros pieds de sauge fleurissent dans deux nuances, mauve pâle et mauve foncé.

***

Les buis, débarrassés de leur prédateur, prospèrent en multipliant les jeunes pousses.

***

Un papillon blanc, sans doute une piéride, vole de ci de là. Son passage est si rapide que je ne parviens pas à savoir s'il s'agit de la piéride du chou, de la rave ou de l'ibéride.

Samedi 25 avril

Après m'être extasié sur la saine et brillante verdeur des rosiers vigoureux et florifères, plantés le long de notre allée, je repère, juste dessous, une très belle ancolie blanche ainsi que des vesces cracca. Rien de rare, mais c'est bien joli quand même.

Dimanche 26 avril

Le premier coquelicot de l'année a fleuri. Je ne puis m'empêcher de songer à ceux que je découvrais dans notre jardin de Rimard. Je m'intéressais beaucoup aux phases de leur développement. J'étais fasciné par la fleur non encore éclose. Il m'arrivait parfois de l'ouvrir avant l'heure et de découvrir alors des pétales soigneusement pliés, fripés par l'étroitesse de leur logis.

Samedi 2 mai

Du côté de notre terrasse, nous apercevons une mésange charbonnière qui nourrit ses petits, qu'elle a installés au creux d'un parpaing du jardinet qui jouxte le garage situé à l'angle de la rue des Horts et de l'avenue Étienne-Guillemin.

***

Ce matin, alors que j'écrivais sous la véranda, un écureuil est venu me rendre visite, m'a examiné, puis a cheminé le long du mur de briques avant de disparaître. C'est sans doute celui auquel je fais allusion un peu plus tôt dans mon récit.

Dimanche 3 mai

Dans les pots disposés sur la terrasse, il reste des pensées fuchsia et blanches ainsi que des variétés bleues, qu'un papillon blanc, sans doute une piéride, survole avec la légèreté de sa race.

***

Les œillets d'Inde poursuivent leur germination.

***

Les tiges des lys sont déjà bien formées et n'attendent plus que les fleurs.

***

Dans une poterie longue et basse, je distingue les belles feuilles vert et blanc d'un ou de plusieurs hostas, non loin d'un rhododendron aux inflorescences corymbiformes, dont les délicates fleurs blanches ponctuées de jolies touches violettes, sont en train de s'ouvrir.

***

Muguet et lilas sont fanés. Si j'ai vu la toute petite touffe de lilas fleurir sur l'arbuste que j'ai planté très récemment, le muguet sera, cette année, passé inaperçu.

***

Près d'un parterre d'inévitables et sempiternelles pâquerettes et de trèfles rouges, je remarque le rosier Cuisse de nymphe en bouton, mais, à ma grande déception, aucune nouvelle branche charpentière n'a poussé. J'avais pourtant pris soin de supprimer de vieux rameaux afin de susciter de nouvelles pousses, mais cela n'a pas fonctionné.

Par contre, les deux rosiers de même variété placés plus loin, contre un mur, ont tous deux donné de nouvelles pousses alors que je ne suis pas du tout intervenu.

***

Centifolia muscosa est lui aussi en bouton. Contrairement au rosier dont je viens de parler, celui-ci drageonne et il va probablement coloniser peu à peu le jardin.

***

Un peu plus loin, dans mon immense pot de plastique gris clair, j'admire des pensées jaune et mauve et d'autres intégralement mauves, juste à côté d'œillets de poète roses et parfumés.

Il me faut songer à placer dans ce pot des essences mieux adaptées à l'ombre. Je me demande si des bégonias ne pourraient pas convenir...

***

Je descends l'escalier pour admirer les rosiers aux petites fleurs blanches doubles en bouton, plantés le long de l'allée. Une fois de plus, j'en admire le beau et sain feuillage d'un vert rutilant. Bien que ce ne soit pas mes rosiers préférés, je ne cesse d'en parler. Sans doute suis-je attiré par leur vigueur.

***

Juste à côté, un haut mais filiforme rosier blanc est en bouton et treize fleurs promettent de s'épanouir incessamment. La première année, quand je l'ai découvert, il n'a donné qu'une seule fleur. La taille et l'engrais ont porté leurs fruits. Cependant, les roses, assez fragiles, s'abîment très rapidement.

***

La lavande est presque en fleur, les rosiers mousseux et centfeuilles, en bouton. Je les ai placés dans des pots mais il me faudra sans doute les bientôt transplanter si je veux qu'ils se développent. Par ailleurs, la sécheresse devient si omniprésente d'année en année qu'il ne sera bientôt plus possible de laisser quelque plante que ce soit en pot.

***

Au même endroit, mais dans un autre récipient, poussent des hémérocalles au vigoureux feuillage, ces fameux lys d'un jour, qui donneront des fleurs de couleur orange. On les nomme ainsi car leurs fleurs ressemblent à celles du lys et parce qu'ils fanent effectivement après une journée de floraison.

***

En cheminant le long du mur, j'aperçois des boutons d'or ainsi qu'une plante à fleurs blanches, qu'il me faut identifier. Les fleurs qui me mettent le plus en difficulté sont généralement blanches ou jaunes, sans doute parce que ces teintes sont les plus communes.

***

Rhapsodie in blue, qui passe encore pour la rose la plus bleue qui soit, du moins je l'imagine, est en bouton de même que les trois rosiers anglais de nuances orange, qui se nomment Charles Darwin, Molineux et Golden celebration.

Le premier est censé posséder un puissant parfum de rose thé, le second doit dégager un arôme similaire mais plus léger et plus musqué tandis que le troisième sentirait la fraise et le vin de Sauternes !

Je les ai réunis en me basant sur leur similarité de teintes et d'allure. Je voulais posséder trois variétés différentes tout en conservant une unité de couleurs. Survole l'ensemble un papillon, sans doute un nacré, mais il est si véloce que je peine à l'identifier.

***

Vers le même endroit, j'aperçois les pavots en bouton et, à l'opposé, des coquelicots en fleur.

***

Le long du chemin de ronde, les rosiers grimpants rouges sont en fleur.

***

Je me dirige vers les trois bouleaux. Dans leur voisinage, les nigelles de Damas sont sur le point de fleurir et l'un des trois rosiers Pierre de Ronsard débute sa floraison. J'en ai planté trois, de trois couleurs différentes.

***

Les deux rosiers Soleil d'or sont en fleur.

***

Entre les rosiers centfeuilles s'épanouit toujours le mouron rouge.

***

Sur le talus, vivent des iris barbus mauve et jaune, qui sentent vraiment très bon, la grande chélidoine et des giroflées des murailles.

***

Les cerises sont formées. Il faudra veiller à ce que les oiseaux ne les dévorent pas, comme l'an passé. Mais, à moins de placer un épouvantail, je vois mal comment agir.

Lundi 4 mai 2020

De prétendues mauvaises herbes envahissent l'espace. On distingue de belles carottes sauvages, des laiterons rudes, pas très jolis à mon sens, ainsi que du plantain lancéolé.

Autrefois estimé des nourrices, le laiteron rude avait, croyait-on, la propriété de faire monter leur lait. On pensait aussi que le suc qui s'écoule de la tige quand on la casse soignait la goutte et les affections hépatiques. On mangeait même ses jeunes feuilles en salade ou en potée. De nos jours, seuls les lapins s'y intéressent.

J'ai connu toutes ces plantes lorsque je vivais à Montluçon.

Nous cueillions les carottes sauvages que nous servions aux lapins qui les appréciaient beaucoup.

Mardi 5 mai 2020

Je découvre une variété de géranium que je n'identifie pas immédiatement et qui s'avérera être le géranium mou. Rien de rare en somme, mais il n'est pas si vilain. Cette plante est même plutôt jolie. Ce terme de « mou » viendrait de la faible tenue de ses feuilles.

Vendredi 8 mai 2020

Sur la terrasse, dans des poteries, s'ébattent des pensées blanches, mauve et jaune au cœur, des tiges de lis odorants et colorés, de toutes les couleurs, ainsi que des pousses d'œillets d'Inde.

***

Le rhododendron en fleur surplombe les pâquerettes et, sous le noisetier pourpre, un petit pied de myosotis apparaît de façon assez surprenante, car il est le seul de sa catégorie dans ce jardin, qui n'est sans doute pas suffisamment humide. Je ne me souviens pas d'en avoir vu à Montluçon, mais cela m'étonne un peu car le quartier des Mallettes est plutôt humide, comme en témoignent d'assez nombreux puits.

***

Le parfum du groseillier d'ornement m'accompagne tandis que je contemple la vue splendide sur les montagnes. Hier, j'ai assisté, de l'autre côté, celui de la Margeride, au lever de la Lune.

***

Je peux faire une analogie entre cette vue thiernoise et celle que nous avions à Rimard.

Je nous revois, ma sœur Élisabeth et moi, assis sur le balcon. Il me semble que nous n'habitons pas encore la maison ou que nous commençons tout juste à l'occuper, mais je ne saurais trancher. Notre mère parle à une dame. Toutes deux sont devant le portail, dans la rue. La femme lui serine les habituelles banalités sur la beauté de la vue, platitudes que nous subîmes durant de nombreuses années :

- Vous avez une belle vue.

Je ne comprenais pas alors de quoi il s'agissait alors car j'avais plutôt tendance à considérer les plantes, donc le sol, et à ne pas regarder l'horizon.

La dame nous désigne ensuite et estime :

- Ils se ressemblent.

Élisabeth et moi sourions comme il se doit, mais je ressens une gêne face à des propos qui n'appellent aucune réponse. Je remarque que le sourire de ma sœur n'est pas naturel et qu'elle paraît crispée.

***

De délicats rosiers anglais, d'un rose pâle, l'un aux roses formant de jolies coupes, l'autre de petits globes, poussent au voisinage de centaurées des montagnes sur le point de faner. L'un d'eux est Wisley, l'autre, Scepter'd'Isle, nom inspiré de « Richard III », de Shakespeare. Selon le catalogue de David Austin, le premier exhale un parfum fruité, le second un arôme de myrrhe.

***

Une impressionnante masse de coquelicots que j'ai semés il y a deux ans, et qui se reproduisent depuis sans qu'il me soit nécessaire d'intervenir, côtoient des nigelles de Damas de toutes les tailles.

***

Dans la portion du jardin qui donne sur la rue des Horts, s'épanouit du trèfle rouge, près du rosier Cuisse de nymphe en bouton.

***

Je me promène le long de ce que je nomme le chemin de ronde.

À l'une des extrémités, des pots hébergent des pieds de menthe qui partagent leur habitat avec des plantes, parfois odorantes, qui se sont invitées sans avoir été conviées.

Parmi elles figurent une herbe très parfumée qui, à Beaumont, attirait le chat gris de notre voisin : il se vautrait dans le pot où cette plante aromatique avait choisi de vivre.

***

Le long du grillage qui surplombe le mur, des rosiers grimpants rouges à fleurs doubles de moyenne grandeur, assez âgés, se raccrochent aux mailles d'acier.

***

Les *Rosa centifolia* sont en bouton et les *Rosa centifolia muscosa* en fleur. Il est vraiment regrettable que les floraisons, non remontantes, soient, de surcroît, si brèves. C'est sans doute ce qui explique que ces rosiers remarquables soient moins cotés que les variétés plus banales mais mieux remontantes.

***

Je remarque les deux premiers pavots de la saison parmi un fouillis d'herbes folles et de punaises gendarmes. Mon caméscope va bientôt entrer en action.

***

Le deux rosiers Mme Isaac Péreire sont en pleine floraison. Je dénombre quinze fleurs épanouies sur l'un d'eux.

Je lève la tête et remarque de très beaux nuages sur les montagnes.

***

Un peu plus haut dans ce volume, je parlais d'une petite fleur mauve que je ne connaissais pas et que j'ai finalement réussi à identifier. Il s'agit de l'aspérule des champs. Le guide auquel je me suis référé pour l'identifier, « Fleurs de France », d'Annie et Jean Perrier, indique que cette essence de la famille des rubiacées est peu commune et qu'elle pousse sur des terrains calcaires, prairies et champs, à moins de mille mètres. Cette plante annuelle ou bisannuelle, de vingt à quarante centimètres de haut, s'exprime par de petites fleurs mauves dont la corolle, en tube étroit, se prolonge de quatre lobes. Les fleurs sont groupées en capitules au sommet de la tige. Bien que de taille très réduite, ses fleurs n'en sont pas moins jolies, mais sans doute le sont-elles moins que celles de la véronique petit-chêne ou même de la véronique officinale.

Dimanche 10 mai

Le ravissant mouron rouge se déploie parmi les pieds de tanaisie qui commencent à sortir de terre. On n'admirera jamais suffisamment cette petite fleur. J'aimerais vraiment en avoir de bleues !

***

Un arum est encore fleuri.

***

Dans la grande poterie de Lezoux, sous les bouleaux, entre les pieds de roses centfeuilles et sur les pelouses environnantes, des nigelles de Damas, blanches et bleues, forment un parterre qui me posera bien des problèmes lorsque sera venu le moment de la tonte.

***

Du trèfle blanc prospère au milieu des coquelicots qui forment une masse compacte et pour ainsi dire inextricable.

Mardi 12 mai

Le rosier Cuisse de nymphe est en fleur. Son seul défaut est de ne pas fleurir suffisamment longtemps. Ses fleurs délicieusement parfumées sont ravissantes, mais à peine ai-je écrit cela que je fustige mes piètres capacités d'auteur. Mon vocabulaire limité me fait utiliser un terme qui pourrait servir à désigner une infinité de choses. C'est en de tels moments que l'on se rend compte des limites de l'écriture. Beaucoup de bon écrivains échouent, tout comme moi, lorsqu'il s'agit de décrire une impression visuelle ou olfactive.

Vendredi 22 mai

Je remarque des Cuisses de nymphe et des *Rosa centifolia,* épanouies ou fanées, et Mme Meilland, sans doute la rose la plus célèbre au monde, dont une énorme, jaune aux pétales bordés de carmin, vient de s'ouvrir.

***

Les nigelles de Damas sont en fleur, fanées ou montées en graines, sous forme de petites cages très surprenantes, fines et esthétiques. Je suis obligé de laisser pousser l'herbe car les nigelles, les coquelicots et les autres fleurs vivent encore. Mais je me répète.

***

Le long du muret, poussent des fraises des bois. Je n'en vis jamais dans le jardin de Montluçon.

***

Les forsythias que j'avais coupés font, comme prévu et comme souhaité, des rejets qui formeront, au début du printemps 2021, des arbustes plus harmonieux.

Lundi 25 mai

Ce lundi après-midi un petit miracle est survenu. Il se décline en deux miracles plus frêles encore.

J'ai renoncé aux grands et je me centre à présent sur ceux de taille réduite.

Lisez plutôt.

En me promenant à Montluçon, j'ai retrouvé l'endroit où, en compagnie de ma mère, je passais régulièrement, vers l'âge de cinq ou six ans.

***

Le premier petit sous-miracle.

J'ai redécouvert les premiers lauriers-cerises que j'ai connus, dont les feuilles lisses et brillantes m'avaient fasciné. Ils forment toujours la haie d'un jardin, à l'angle de la rue Ronsard et de la rue de la Paquette.

Ces plantes sont à cet emplacement depuis au moins un demi siècle ! Elles étaient déjà grandes, en effet, lorsque j'avais 5 ou 6 ans, et j'en ai 53.

Elles étaient là alors que je me trouvais ailleurs, à

Montluçon, dans une autre rue, à Beaumont, au Mont-Dore, à Clermont-Ferrand, à Thiers ou sur un lieu de villégiature.

Elles n'ont jamais cessé d'être à cet endroit alors que je ne pensais plus à elles. Mais, si je n'y songeais plus de manière consciente, leur souvenir demeurait dans un coin de ma mémoire.

Un homme âgé, du moins à mes yeux d'enfants, se tenait derrière la haie et ma mère échangeait quelques paroles avec lui lorsque nous passions. Peut-être l'avait-elle connu lorsqu'elle vivait au 18 ou au 28 de la rue Ronsard.

Mais ce n'est pas tout.

***

Le second petit sous-miracle.

Juste en face de la haie, un étroit chemin herbu, régulièrement tondu, civilisé, très régulièrement tracé, longe des jardins associés à des maisons individuelles. Chaque maison située de part et d'autre de ce passage donne sur des rues différentes. Ce mince interstice, de quelque deux mètres de largeur, permet tout juste à deux personnes de cheminer cote à cote. Il commence rue Ronsard pour se terminer rue Lily-Jean-Javal.

Vers l'âge de 5 ou 6 ans, ce sentier, je me souviens l'avoir emprunté, avec ma mère, et c'est précisément à cet endroit que, pour la première fois, je perçus l'odeur si caractéristique, si suave, si extraordinaire, si fascinante des groseilliers d'ornement.

Depuis, cette fragrance ne m'a jamais quitté et elle continuera, longtemps encore, à parfumer mes rêves terrestres et peut-être même me suivra-t-elle dans ce que je nomme l'après-vie.

Mais c'est une autre aventure que je vous conterai peut-être un jour. Il vous suffira de faire preuve d'un peu de patience.

Les ouvrages de Pierre Kalmar

Romans et nouvelles

L'heureux stratagème ou la nuit des trois étoiles (2005)
Les nuits de Lucrèce (2007)
L'inconnue du lac de Guéry (2007)
Le voleur de trottinettes (2007)
Comme un croisé en Égypte (2009)
L'apprentie sorcière du lac de Servières (2010)
L'inconnue du cimetière Saint-Hilaire (2012)
La femme sans nom (2013)
Le lac étincelant (2014)
La messagère d'outre-ciel (2017)
Fragment de manuscrit trouvé dans les ruines de maison vide (2017)
L'inconnue du Mont-Dore (2018)
L'homme qui n'existait pas (2018)
Mélodies interrompues (2018)
La maison au bord du ciel (2019)

Livres touristiques et inventaires du patrimoine naturel, en collaboration avec Denis Chassain

L'expédition Beaumont-Dore (2008)
Cent vingt cascades dans le Sancy et autour du Sancy (2010)
Quatre cents cascades dans le Puy-de-Dôme (2012)
Neuf cents cascades dans le Puy-de-Dôme (2018)

Ouvrages de photos anciennes

Beaux hommes d'autrefois, en maillot de bain, en short, torse nu (2013)
Les bains du Mont-Dore (2014)
La Bourboule (2014)
Soirées de boxe à Romilly-sur-Seine (2014)
Combats de boxe public (volume 1) (2014)
Combats de boxe privés (volume 1) (2014)
Portraits de boxeurs – Les insolites de la boxe (2015)
Pièces de théâtre et opérettes – Camps de prisonniers – Seconde Guerre mondiale (2015)
Boxe et boxeurs - Marins-Portraits-Olympiades-Carnavals (2018)
Combats de boxe privés (volume 2) (2020)
La boxe à l'armée (2020)

Souvenirs

Petits mémoires de guerre (2009)
Les parapluies de l'Atlantique (2011)
Le chemin des Mallettes (2011)
En remontant le boulevard de Courtais (2020)

Correspondances

Correspondances, volume 1 - Lettres à Yvonne – Marraine de guerre à Clermont-Ferrand (2012)
Correspondances, volume 2 – Un maréchal contre une pintade - La pénurie en France
durant la Seconde Guerre mondiale (2012)
Correspondances, volume 3 – Lettres à ma mère – Un prisonnier du stalag IIA, originaire d'Yronde-et-Buron, près

Vic-le-Comte, Puy-de-Dôme, témoigne (2012)
Correspondances, volume 4 – Prisonniers de guerre, d'Auvergne et d'ailleurs (2013)
Correspondances, volume 5 – Mon cher petit Jean – Lettres d'une cuisinière (2014)
Correspondances, volume 6 – Deux mots pour te dire… Lettres de Henri Bradel, emprisonné au stalag VA, et d'Irène Bradel, de Bray-et-Lû, dans le Val d'Oise (2014)
Correspondance, volume 7 – Bien chers parents... Une gouvernante devient franciscaine missionnaire de Marie (2015)
Correspondance, volume 8 – Par la barbe de Louis-Benjamin ! Deux étudiants de Grenoble, originaires de Valence, écrivent à leurs parents (2016)
Correspondance, volume 9 - Une comtesse des ténèbres - Les tiroirs de la comtesse Caroline de Choiseul, dame de la duchesse d'Angoulême (Madame Royale) et dame d'honneur de la duchesse de Bordeaux (comtesse de Chambord) (2017)
Correspondances, volume 10 - Pour étudier les coccinelles - Lettres d'un prisonnier de guerre - Seconde Guerre mondiale (2017)
Correspondances, volume 11 - La dernière duchesse de Parme - Louise-Marie-Thérèse d'Artois (2018)
Correspondances, volume 12 - L'esprit des Mortemart - Billets d'une femmes du monde, la duchesse Pozzo di Borgo, à son neveu, le comte Humbert de Marcieu (2019)
Correspondances, volume 13 - Le séjour au Mont-Dore de Christiane Boisbourdin (2019)
Correspondances, volume 14 - Visages du stalag et de l'oflag (2020)
Correspondances, volume 15 - Un pensionnaire de quatrième, du collège Saint-Joseph de Montluçon, écrit à ses parents (2020)
Correspondances, volume 16 - Un intendant général remarquable, Paul Esprit Marie de la Bourdonnaye, comte de Blossac, marquis du Tymeur, marquis de la Bourdonnaye (2020)

Témoignages

Témoignages – Volume 1 – Le camp de la mort lente (2014)
Témoignages – Volumes 2 – Débâcle (2014)

Biographies

Marie-Thérèse Béatrix Gaétane d'Este-Modène, archiduchesse d'Autriche-Este, princesse de Modène, comtesse de Chambord, duchesse de Bordeaux et reine de France et de Navarre - Une petite biographie (2017)

Ouvrages consacrés à la ville de Thiers

L'inconnue du cimetière Saint-Jean -
Promenade historique, philosophique et poétique dans le cimetière Saint-Jean et Biographie d'Élisabeth Julie Archimbaud, née Joubert, l'une des résidentes du cimetière Saint-Jean (2020)

Imprimé par Lulu entreprise en août 2020
Dépôt légal octobre 2020

Made in the USA
Monee, IL
04 November 2026

67380086R00046